向未来进发
人工智能科普故事

我的百变机器助手

孔祥战◎著　简　晰◎绘

U0258242

北京科学技术出版社
100层童书馆

"故障！故障！故障……"

"故障！故障！"

"故障……"

"故障！故障！"

 "故障！故障！"

实验室里突然出现一声异响。听到动静，未来博士探过头来：

发生什么事了？

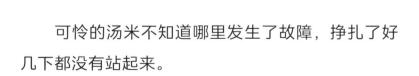

只见汤米躺在地上，身上的指示灯一闪一闪，发出警示的红光，嘴里反复发出急切的提示音："故障！故障！故障……"

奇奇站在一旁，看起来一副手足无措的样子。

可怜的汤米不知道哪里发生了故障，挣扎了好几下都没有站起来。

奇奇被这场意外吓到了，不知道该怎么办，他急得快要哭出来了。看到博士走过来，他语无伦次地解释着刚刚发生的事情。

对不起博士，我不小心把汤米撞倒了……

在我去厕所的路上……

对不起汤米，我真的不是故意的，我没有看到你……

我不该在实验室乱跑……

没事的，没关系，我们都知道你不是故意的。

　　博士并没有生气。察觉到奇奇的自责，博士先是关闭了汤米的电源，让汤米不再发出警报声，然后蹲下身来，让奇奇的视线能够平视自己，又拍了拍奇奇的肩头，示意他不用那么自责。

看到奇奇的情绪逐渐平复下来，博士接着说道：

我们一定可以帮汤米解决这个问题的！

看了看汤米，又看了看博士，奇奇轻轻点了点头。他相信博士既然可以制造出汤米，就一定有办法修好汤米。

博士，那我们快看看汤米到底怎么了吧。

"**很好！打起精神来！**你帮我把汤米带到实验台那边好吗？我们检查一下问题出在哪里了。"

看到奇奇恢复干劲，博士也觉得精神百倍。

未来博士转身把倒在地上的汤米扶起来。奇奇见状，也连忙跑到另一侧，小心翼翼地扶着汤米的胳膊。

汤米平躺在实验台上。未来博士戴上眼镜，拿出汤米的设计图纸认真查看，然后用工具小心翼翼地打开了汤米头部的机械外壳。没有了机械外壳的保护，汤米内部的各种零件构造都显现了出来。

奇奇趴在实验台边上，急切地询问博士。

博士，能看出来是哪里出了问题吗？

现在还看不出来，别着急，我们将这些零件一个一个全部排查一遍，总会找到问题的。

机器人的身体和人类很不一样，从外壳到里面，到处都是硬邦邦的机械结构。

奇奇看不明白，但也知道这些精密的零件都是严格按照图纸排布的，不能随便触碰，所以只是站在一旁看着。

　　虽然博士设计制造了汤米，但是也不可能记住每一个零件的模样。于是，博士只能戴上眼镜，对照着图纸，一点一点查看每个零部件，检查它们是否能正常工作。

"这些都是什么呀？每个都要查吗？"

奇奇看着汤米的内部结构，只觉得眼花缭乱。

这些都是汤米身体里的零部件，它们构成了机器人的**感知系统、控制系统和执行系统**，就像我们的神经系统和运动系统一样。

对照着图纸，博士又进一步解释道：

感知系统的核心构件叫传感器。汤米体内有各式各样的传感器，来帮助它感知外界环境，并判断自身所处的状态。

说着，博士打开汤米躯干部位的机械外壳，说道：

　　"你看，紧挨着机械外壳的这一层薄薄的由金色小方块组成的装置，就是感知系统中的

　　压力传感器。"

　　"像人类的皮肤一样，这些零件受到压力时会改变形状，从而导致电信号发生改变。"博士指着紧贴着汤米外壳的零件说到。

"当汤米检测到这里的电信号大小有变化，就知道这里受到了压力。汤米摔倒之后，最先受到撞击的也是这个部分，所以我们先看看感知系统有没有什么问题吧。"博士说到。

博士拿出各种精巧的工具，在各个零件接口探来探去，像是要拆炸弹一样。

汤米的眼睛和耳朵也都是传感器吗？

"没错，眼睛是**光学传感器**，耳朵是**声学传感器**。"

博士指了指汤米的眼睛："你看这里，这是**双目摄像头**，它可以将光学信号转化为电信号。双目设计模仿了我们人类的两只眼睛，能够让汤米更好地判断周围物品的大小和方位。"

接着，博士又戳了戳一个奇怪的装置。

这个装置上有6个一模一样的零件排在一起。

"这是**麦克风矩阵**。这些麦克风能够接受从四面八方传来的声音，准确解析声音的内容，判断声音的来源。"

"原来汤米有六只耳朵呀！简直就像六耳猕猴一样！那是不是所有的小机器人都有六只耳朵呢？"奇奇很好奇，为什么要给汤米安装这么多的耳朵。

"麦克风的数量可以从 2 个到上千个不等，既可以排成一列，也可以排成一个圈；如果有更多的麦克风，还能选择上下排布，形成立体结构。"

博士继续解释道："因为声音的信号非常复杂，同一时间内可能既有大声的叫喊，又有小声的窃窃私语，可能前面有声音，后面也有声音。要将这些声音都分辨出来，只靠一个麦克风是很难做到的。当然，也并不是说麦克风越多就越好，它们的排列方式也很重要。"

原来麦克风矩阵这么厉害，难怪自己之前无论在哪里叫汤米，它都能准确地根据声音找到自己。奇奇默默地想到。

想到之前灵活的汤米，再看看现在躺在这里一动不动的汤米，奇奇更难过了。

不知道汤米以后还能不能听到我们说话。

怎么？你是在质疑本博士充满智慧的大脑和高超的专业水平吗？

博士察觉到奇奇的情绪有些低落，说道："别担心，我检查过了，汤米的各个传感器都没有问题，开启电源后还是可以听到我们的声音，也能看到周围的环境。"

博士小课堂

传感器能够感知那些需要被测量的信息，并且能够按照一定的规则将这些信息都转化为电信号，进行信息的储存、转移等。

传感器的存在让机器人也能拥有触觉、视觉、味觉、嗅觉、听觉等感官，甚至比人类的还要灵敏得多。传感器就像是被强化的人类五官一样，因此也被称作"**电五官**"。

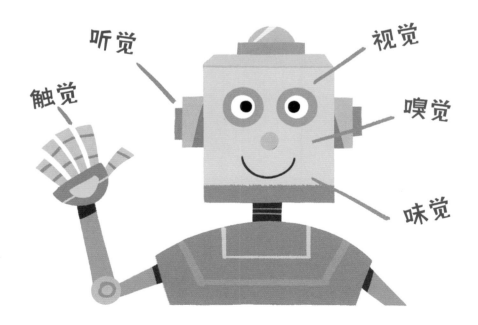

听觉　　视觉

触觉　　嗅觉

味觉

传感器一般由敏感元件、转换元件、变换电路和辅助电源四部分组成。

敏感元件：
直接感受被测量的信息，并输出与被测量信息有确定关系的物理量信号。

转换元件：
将敏感元件输出的物理量信号转换为电信号。

传感器

被测量的信息 → 敏感元件 → 转换元件 → 变换电路 → 电信号

辅助电源

变换电路：
负责对转换元件输出的电信号进行放大调制。

辅助电源：
转换元件和变换电路一般还需要辅助电源来供电。

检查各个传感器后，博士没有发现任何问题，看来汤米的故障出现在别的部件上。

那我们接下来检查什么地方呢？

奇奇知道，只是一味难过的话什么用都没有，找到问题才能解决问题。所以他很努力地想要跟上博士的检查步骤，认真记下汤米的每一个构造，想要快一点找到问题所在，让汤米早点好起来。

我们再来看看**控制系统**吧。

博士小心谨慎地拆开了汤米头部封装起来的一个机械部件。

虽说只是一个封装起来的部件，但是这里汇集了很多密密麻麻的线。

"这是汤米的心脏吗？"奇奇好奇地问。就像我们身体的血管都要连接到心脏一样，所有的电流似乎都能通过电路传递到这里。

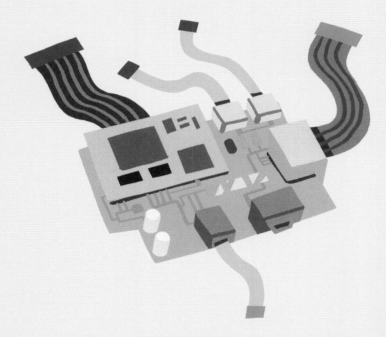

"比起心脏，控制系统更像是汤米的大脑。感知系统感受到的信息都会传到这里，由控制系统对其进行存储、处理，并做出决策，发出指令。汤米倒下后站不起来，说不定就是因为控制系统出了问题，没有办法发出正确的指令。"博士说。

"你看这个指甲盖大小的小方块，这是控制系统最核心的组成部分——**CPU**，也就是**中央处理器**。"

"感知系统所收集的信息都会成为数据流通过这里，经过**运算和处理**，成为执行指令的数据后再被发出。"

博士拿出了一个摄像头，对准控制系统，屏幕上立马就显示出了放大后的零部件影像。

对着屏幕，博士像外科医生一样小心翼翼地操作着手中的工具，极其专注地进行着精细的操作。

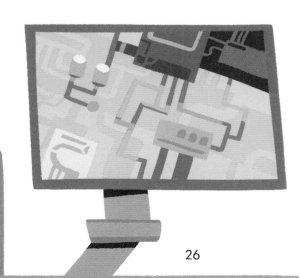

奇奇感觉，这个时候连大口呼吸一下都会影响到博士，于是站在一旁静静看着，不敢再问更多的问题。

　　但是每当检查到新的部件，博士还是会耐心地讲解那个部件的作用。

27

这个向内凹陷的地方是**接口**，除了通过传感器接收信息，我们之前还向汤米传输了各种数据。这些数据就是通过这里传送到汤米的大脑。

奇奇安静地听着，时不时点点头，默默记下这些零件的样子。

嘀嗒，嘀嗒……

叮叮当当……

渐渐地，实验室内安静得只剩下墙上秒针走动的声音和博士手中金属工具相碰的叮当声。

过了好一会儿，博士长舒了一口气，放下了手中的工具，伸了个大大的懒腰："呼！脖子和手臂都酸了。不过还好，控制系统没问题，接下来就只剩下执行系统了。"

一鼓作气

　　"太好了，控制系统没问题，汤米就还是那个聪明的汤米，还会记得博士，记得我，对吗？"博士点点头，奇奇也跟着松了一口气。看着博士满头的汗，奇奇从自己的兜里翻找到了一张纸巾，递给博士。

　　"咱们一鼓作气，让汤米早点好起来。"博士接过纸巾擦了擦头上的汗。

"没打开检查的地方都属于执行系统吗？"奇奇问到，剩下的工作量看起来还不小。

所有能够根据指令做出反应和动作的部件都属于**执行系统**。

　　执行系统的作用是接收控制系统传输来的电信号,然后在动力源的支撑下,按照指令执行运动动作。

　　除了能让机器人动起来,执行系统通常还具有一定的安全和保护功能,可以防止信息过载、机体过速和过热等,以确保机器人安全运行。

　　执行系统通常包括动力机、传动机构和执行机构。

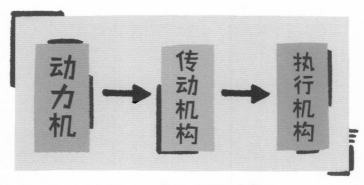

执行系统

动力机：
提供动力的装置。

传动机构：
处于动力机和执行机之间的装置，用来传递动力。

执行机构：
最终完成行动的结构。

机器人有三大核心零部件，分别是控制器、伺服电机和减速器。其中，控制器是控制系统中的部件，伺服电机和减速器则都属于执行系统。伺服电机是动力机，而减速器则是一种十分精密的传动部件，它连接起了伺服电机和执行机，也被称作是机器人的"关节"。

伺服电机通常处于高速运转的状态，但是机器人的行动更多的是需要平稳、顺畅，因此减速器可以在传导伺服电机动力的过程中，调整速度和扭矩，来精准控制机器人行动。

　　"你看这里，这两个齿轮就是**传动机构**。当竖着的这个红色齿轮跟着横杆前后转动的时候，会带动上面这个横着的齿轮转动，从而实现头部左右转动的功能。"

博士指着连接着机械头部的各个构件，继续解释道：

这个 n 型的黄色**结构件**可以绕着这根横杆旋转，让汤米实现低头和抬头。

这两个结构的左右两侧各有一个**电机**，它们是执行系统中的动力机，可以提供动力，分别驱动这两个结构。

看来头部附近的这些部件没问题！既然汤米没办法自己站起来，那我们来检查腿部吧。

博士说着，拿出工具打开了汤米的腿部。刚一打开，奇奇就隐隐约约闻到了一股煳味。

博士，好像有什么东西烧焦了。

博士皱起眉头，用电笔拨了拨里面的线圈，线圈被高温熔化后都粘黏到了一起。"看来是摔倒时，腿部的接线发生错位，导致了短路，一时电流过大，把这里的**伺服电机**烧坏了。"

伺服电机是负责精准控制机械运动的重要部件，没了它汤米当然站不起来了。

"这个容易修吗？"奇奇问到。既然找到了问题所在，剩下的就是修理工作了，汤米应该很快就可以恢复如初了吧。

"没问题的，换一个电机就好了。"博士在他的零件库中翻翻找找，终于找到了一个大小合适的崭新电机给汤米替换。

伺服电机

替换好了之后，博士将汤米腿部和头部的机械外壳装好，接通了电源。汤米自己从实验台上坐了起来，但是才刚刚站起来，就一头向前栽倒下去。

"哇！

好险！"

幸好奇奇一直紧紧盯着汤米的一举一动，
看到汤米又要倒下去，奇奇连忙稳稳抱
住了它。

　　"看起来还有问题没有解决啊。"博士又重新戴上手套，拿出了工具，准备再检查一遍遗漏的地方。

欸？博士，你看这里，这有一盏指示灯一直在闪。

奇奇把汤米扶到实验台上躺下，发现汤米胸口上有一盏指示灯和其他的不太一样。

未来博士连忙拿出欧姆表，检测这个指示灯的电信号。"哦！果然，有根电线没有接好。"原来，汤米的胸部位置还有一根电线在摔倒时接口发生了松动。

接上这根电线以后，汤米站了起来，跑和跳都没有问题，还是从前的那个汤米。

谢谢博士，我没事了。

汤米向未来博士表达了它的谢意。

未来博士很高兴，也表扬了奇奇的细心："奇奇，你可立了大功啊！"

汤米转过头，也对奇奇表达了感谢。

奇奇听了这话，低着头，有些不好意思。

原本也是我不小心撞到汤米，才让汤米发生了故障。真是对不起，汤米。

汤米也低下了头，显出了羞愧的表情，小声嘟囔着：

不是的奇奇，这不怪你，都是我没有反应过来，而且只是摔了一下，就变成这样了。

"好了好了，奇奇、汤米你们两个再这样，头就要低到地上去啦。都不要再自责了。我刚刚研发了一个新的程序，安装了这个程序，之后就不会发生这种问题啦。"

未来博士从口袋里掏出一个 U 盘，插到汤米的头部接口上，升级了汤米的主程序："快来见识一下我的最新研究成果——**模块化自组装**技术！锵锵！"

"哇！虽然听不懂，但是听博士你的语气，就感觉是一项了不起的技术呢！"

奇奇被博士突如其来的热情感染到，也兴奋起来。

"模块化自组装，就是让汤米的各个构件可以根据外部环境和指令，自由变换成各种样子。采用了这项技术，汤米的功能和对环境的适应能力将大幅提升。"博士说。

"博士，你的意思是说，汤米可以像变形金刚一样，变成各种各样的形态吗？"听完博士的解释，奇奇一下子就想到了自己在电影里看到的变形金刚。

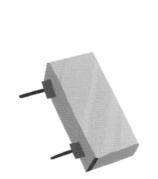

机器人结构不同，用处也不同。而模块化机器人由一个个相互独立的模块构成，能够在不同的情况下，通过改变自身模块的连接顺序，完成不同的任务。模块化可以让机器人不局限于一种用途，但并不是说有了模块之后，机器人就能随意变化。

例如这个蛇形机器人，它由近十个完全相同的模块组成，具有沿着管道攀爬的功能。这些模块重新组装后，也能变成蜘蛛形机器人的腿，具有在地上行走的功能。但是它不能变成坦克，也不能变成汽车。

虽然现实中的机器人还做不到随意变化，但故事中的汤米可是有着很多意想不到的隐藏"装备"呢。

"比变形金刚还要厉害哦！"博士十分得意地说。听到博士这样说，奇奇更加期待了，便向博士央求道："博士，博士！既然这个功能这么厉害，你就让我看一看吧！"

"那好吧。"博士环视一圈，发现之前为了修好汤米，屋子里到处都是零件，乱糟糟的，就对着汤米下达了第一个指令。

汤米，汤米！这屋子太乱了，你变成一个扫地机器人，打扫一下房间吧。

"好的，收到，变！"汤米接收了博士
的指令。各个构件仿佛突然有了自己的意识，迅速
动了起来。

　　模块重构之后，汤米竟然变形成了一只可爱的机器狗，像宠物一样。它望着奇奇和未来博士，发出"汪汪"的叫声。

　　"哈哈哈！博士，汤米变成了一只机器小狗呢，小狗也可以扫地吗？"虽然没有变成扫地机器人，但是奇奇觉得这样的汤米简直太可爱了。

"怎么变成了一个仿生机器人啊？我明明想要的是扫地机器人啊！"

博士也露出了困惑的表情。

"看来是博士你的程序有问题啦！"奇奇突然捕捉到未来博士刚刚提到的一个词，又追问起来，"博士你说**仿生机器人**，意思是汤米还可以变成其他动物吗？我想要一只小猫，汤米也可以吗？"奇奇走过去蹲在机器小狗汤米的面前，想要逗它玩。

"**仿生机器人**，顾名思义嘛，就是**模仿生物体的结构搭建的机器人**。例如模仿鸟类扇动翅膀的鸟类机器人，模仿蛇类爬行的蛇形机器人。当然啦，变成这些对汤米来说都是易如反掌的事情。可是问题在于，我想要的不是仿生机器人啊！汤米，不对不对，重新变！"博士有点不甘心。

　　小狗汤米原本还在和奇奇玩耍，听到博士的指令后，身上的部件迅速散开重构，之前手臂部位似乎重组成了一个新部件。

　　"轰！"只见一发子弹朝着奇奇背后的墙壁直直发射出去，瞬间把墙壁轰出了一个大洞。

"**哇啊啊啊啊！！**" 毫无心理准备的奇奇被吓得一屁股坐在了地上。

博士首先反应了过来，连忙拽着奇奇的手臂，拖着他一起趴在了沙发后面。汤米还是保持着刚刚开枪的姿势，单腿跪地，双手持枪，面对着墙壁，一动不动。

"博士！你居然还给汤米写了这种程序？太酷了吧！"奇奇探出头看看汤米，又看看被轰出大洞的墙壁，只觉得刚刚的经历像电影一样刺激。

哇！不好了！我好像把**军用机器人**的代码也拷贝给汤米了，这下可麻烦了。

博士连忙拿过放在沙发上的一台笔记本电脑，插入刚刚给汤米拷贝数据的 U 盘，检查起来。

"**军用机器人？**"汤米只在电影里见过这种高科技，没想到现实生活中居然真的存在。

"其实也没有什么特别的，军用机器人可以承担一些军事任务，以完成预定的战术或战略任务为目标，是一种**以智能化信息处理技术和通信技术为核心的智能化武器装备。**"

博士一边急促地敲击着代码进行检查，一边隔着沙发大声喊道："汤米！汤米！错啦！快重新变！"

好在汤米没有失控，还是可以接收指令。

好的，收到！

又是一声巨响，仿佛有什么重物砸到地上，地面也跟着震动了一下。

咚！

"又出了什么情况？"博士和奇奇均是一愣，然后异口同声地发出疑问。两人诧异地对望了一眼，立马从沙发背后探出头。

汤米的一只机械手臂变成了钳子，另一只手臂变成了一柄大铁锤。锤子的锤头向下，立在地上，比汤米还高。刚刚的动静应该就是这柄锤子砸在地上发出的声音。

"**博士……这次又是什么？**"奇奇目瞪口呆地望向博士。

咔嚓！

咔嚓！

"啊……这个……这个大概是**工业机器人**吧，**用于工业领域的多自由度的智能机器人**，有一定的自动性，还可以依靠自身的动力和控制能力完成各种加工、搬运、制造工作。"

加工

"汤米不是要帮我管理我的机械工厂嘛！所以学会变身成为工业机器人是很有必要的！"

制造

搬运

"嗯！真的很有必要！"博士硬着头皮解释到。

"所以博士，这次又是拷贝时出现了问题吗？博士你究竟有没有写扫地机器人的代码啊？"奇奇一眼就看穿了博士的心虚，抱着双臂，露出了怀疑的表情。

　　"当然有了，这个可不是拷贝错误，我就是故意的。下一个，下一个肯定是扫地机器人了。"博士转过头对着汤米说道，"汤米啊，我想要的只是一个扫地机器人，拜托了，这次一定要变对啊！"

哈哈！一听博士这么说，奇奇就知道，这次变身大概率也不靠谱吧。奇奇心里默默想着，原来博士也会有这么不靠谱的时候啊。

果然如奇奇所料，汤米手中的锤子和钳子都消失了，转而变出了一个针筒注射器。汤米拿着注射器，径直朝沙发走了过来。

请问是谁需要手术？

是你吗？

不！
不是！！

"不不不！不是我！是博士！你去给博士打针，不要过来呀！"奇奇连忙摇头拒绝，一边指着博士，一边退了几步。

奇奇害怕打针。记得上次生病打针，他还疼得哭红了眼睛。

汤米朝着博士走了过去，博士正准备逃跑，汤米却在离博士一米远的地方停了下来，用一道光从上至下将博士全身扫描了一遍。

　　“博士，您的身体很健康，似乎没有什么问题。”汤米说着，把手上的注射器收了起来。

变形

呼！看到汤米收回了手中的注射器，博士和汤米都松了一口气。

还好我在设置程序的时候，给**医疗型机器人**设置的是辅助医生完成各种诊断、手术的功能。没有医生在场的时候，汤米是没有权力单独为患者进行医疗操作的。

博士说着，走近汤米，把刚刚修改的代码重新拷贝进去。

"这一次，绝对没问题！**汤米，变身扫地机器人！**"

博士话音刚落，汤米的身体就迅速收缩、变矮，最后变成了一个圆盘一样的扫地机器人，转动着贴近地面的小扫帚，开始打扫起来。

随后，在博士的指令下，汤米又变成了各种样式的机器人。虽然偶尔还是会出现一些小插曲，但汤米最终成功补上了破碎的墙和地板，整理了散落一地的工具，还收拾了垃圾。很快，房间就变得整整齐齐、干干净净了。

看来汤米还不太适应这套程序。稍后，我还要再改进完善。

看着勤劳的汤米，博士摸了摸下巴，觉得还有很多需要改进的地方。

博士！
我知道哪里最需要改进！

　　看着汤米不断变换的样子，奇奇突然想到了一个好主意。

　　"哦？是哪里？"博士望着奇奇，准备认真听取奇奇的建议。

"博士，不如设计一个能写作业的机器人吧，那样我就有更多时间可以来实验室帮忙啦。哈哈哈，怎么样？我的建议还不错吧！"如果有一个**写作业机器人**，那自己就再也不用写作业了。一想到这里，奇奇就高兴得压不住上扬的嘴角，乐出了声音。

嘻嘻

"你想得美！我是不会帮你发明这样的机器人的。"博士摆摆手，拒绝了奇奇的提议，然后埋头在电脑前，继续更新汤米的代码。

呼

哼！那我就自己发明一个！

看着博士的背影，奇奇暗暗下定决心，长大之后自己也要做科学家，这样就能发明出写作业的机器人了，到时候他要让全世界的小朋友都用上这样的机器人！

此书献给我的儿子孔令毅、女儿孔令琪和所有热爱科学的小朋友，希望你们健康成长！

——孔祥战

小朋友们，你们已经站在未来的大门前，这本书就是你们探索未知的钥匙。打开未来之门，用你们的想象力和创造力，为这个世界增添无限可能吧！

——简　晰

图书在版编目（CIP）数据

我的百变机器助手 / 孔祥战著；简晰绘. -- 北京：北京科学技术出版社，2025. -- ISBN 978-7-5714-4266-8

Ⅰ．TP18-49

中国国家版本馆 CIP 数据核字第 2024Q9M562 号

策划编辑：刘婧文　张文军
责任编辑：刘婧文
图文制作：天露霖文化
责任印制：李　茗
出 版 人：曾庆宇
出版发行：北京科学技术出版社
社　　址：北京西直门南大街 16 号
邮政编码：100035
电　　话：0086-10-66135495（总编室）
　　　　　0086-10-66113227（发行部）
网　　址：www.bkydw.cn
印　　刷：雅迪云印（天津）科技有限公司
开　　本：889 mm × 1194 mm　1/32
字　　数：32 千字
印　　张：2.5
版　　次：2025 年 2 月第 1 版
印　　次：2025 年 2 月第 1 次印刷
ISBN 978-7-5714-4266-8

定　　价：36.00 元